不可思议的发明

上升吧，电梯

[加]莫妮卡·库林/著　[英]大卫·帕金斯/绘　简严/译

人民东方出版传媒
People's Oriental Publishing & Media
東方出版社
The Oriental Press

图书在版编目（CIP）数据

不可思议的发明．上升吧，电梯 /（加）莫妮卡·库林著；（英）大卫·帕金斯绘；简严译．
— 北京：东方出版社，2024.8
书名原文：Great Ideas
ISBN 978-7-5207-3664-0

Ⅰ．①不… Ⅱ．①莫… ②大… ③简… Ⅲ．①创造发明—儿童读物 Ⅳ．① N19-49

中国国家版本馆 CIP 数据核字 (2023) 第 213169 号

This translation published by arrangement with Tundra Books,
a division of Penguin Random House Canada Limited.

中文简体字版专有权属东方出版社
著作权合同登记号　图字：01-2023-4891

不可思议的发明：上升吧，电梯
（BUKESIYI DE FAMING：SHANGSHENG BA，DIANTI）

作　　者：［加］莫妮卡·库林　著
　　　　　［英］大卫·帕金斯　绘
译　　者：简　严
责任编辑：赵　琳
封面设计：智　勇
内文排版：尚春苓
出　　版：东方出版社
发　　行：人民东方出版传媒有限公司
地　　址：北京市东城区朝阳门内大街 166 号
邮　　编：100010
印　　刷：大厂回族自治县德诚印务有限公司
版　　次：2024 年 8 月第 1 版
印　　次：2024 年 8 月第 1 次印刷
开　　本：889 毫米 ×1194 毫米　1/16
印　　张：2
字　　数：23 千字
书　　号：ISBN 978-7-5207-3664-0
定　　价：158.00 元（全 9 册）
发行电话：（010）85924663　85924644　85924641

电梯礼仪

别总是把电梯的按钮
按来按去
你等电梯
得像等火车一样耐心

在电梯里
要摘下耳机
不要吹口哨或哼小曲
也不要做出奇奇怪怪的举动

这间安静的小屋子
能带你爬得高高的
你想去哪一层
它就稳稳停在哪一层

美国佛蒙特州农场堆干草的时节到了。马车运来田间的干草捆，然后人们用绳子和滑轮吊起干草，把它们送进谷仓的阁楼。

“上升！”伊莱沙喊道，并在地面挥手示意。

1818年，伊莱沙·格雷夫斯·奥的斯7岁，他喜欢看农场里的机器干活儿。

最有趣的机器是干草升降机。可是升降机的绳子经常断裂，当绳子断裂时，“啪”的一声，干草便会掉落下来。

伊莱沙在19岁时离开了农场。他身体不好，因此在纽约州的特洛伊城找了份轻松些的工作——运货马车夫。

伊莱沙在特洛伊城和佛蒙特州的伯瑞特波罗之间运了5年的货。因为有妻儿要养，所以平时的花销他总是能省就省。

一天，伊莱沙对他的妻子苏珊说：“我需要改变咱们的生活，打算自己做点生意。”

奥的斯一家搬到了纽约州的格林河。伊莱沙在这里买了块地，并建了一座磨坊。磨坊里装了一盘巨大的石磨，它能把谷物、粗粉磨成细细的面粉。

不幸的是，伊莱沙的磨坊生意破产了，他的妻子也病了。妻子去世后，留给伊莱沙两个儿子——查尔斯和诺顿。伊莱沙决定去纽约州的奥尔巴尼碰碰运气，不过在搬家前，他与贝琪结了婚。贝琪和孩子们相处得很融洽。

到1845年，伊莱沙一直在床架厂工作。在那里，工人们用手工制作木质床架。

一天晚上，伊莱沙坐在家里一边用铅笔敲击着笔记本，一边嘟哝着："如果用机器制作床架肯定会快得多。"

突然，伊莱沙有了个主意，他开始画起图来。

伊莱沙把他画的草图拿给老板看。

“我叫它床架车工。”伊莱沙说，“它制作床架的速度飞快！”伊莱沙设计的机器制作床架的速度比手工制作要快4倍。

老板激动不已，欢呼道：“该发奖金了！”

伊莱沙因此获得了500美元的奖励，你猜接下来他会做什么？他又搬家了。这次他搬到了扬克斯城，就在壮丽的哈德逊河边。

1852年，伊莱沙在扬克斯城负责监管一家新床架厂的建造工作。工人们需要想办法将放在1层的重型机器搬到2层。

伊莱沙对使用升降平台进行搬运充满担忧。假如缆绳断裂，掉下来的可不是干草，而是沉甸甸的机器配件，工人们很可能会被砸伤。

伊莱沙想到了在升降平台上装一个安全制动器。但如何实现呢？他想了又想，画了又画，然后做了个可用的模型。

伊莱沙把制动器模型安装在工厂的升降平台上。工人们把重铁和铅质的机械配件装上平台。当缆绳松动时，制动器会拉住并固定平台，防止它坠落在地。

“上升！”伊莱沙喊道。当平台升到顶部，他又喊道：“松手让它下落！”

工人们疑惑地你看看我，我看看你，他们都觉得平台肯定会直接坠下来。

这时平台开始下坠。突然，它在半空中停了下来。制动器奏效了！大家都目瞪口呆。

伊莱沙终于找到了他喜欢的工作，那就是为升降平台做安全制动器。

他发现自己也喜欢上了现在生活的地方——扬克斯城，奥的斯一家再也不用搬来搬去了！

1853年的一个夜晚，伊莱沙在床上猛地坐起来，睡帽在他头上歪歪斜斜地耷拉着，他激动地喊道：“我们今后可以抬运人了！”

“抬运人？运到哪里？”睡眼惺忪的贝琪喃喃问道。

“既然我们能抬运机器配件，为什么不可以抬运人呢？”伊莱沙说。

“把人运到哪里呀？”贝琪重复说。

“哎呀，到空中，当然是运到空中啊！”

第二天吃早餐时，伊莱沙仍然兴奋不已。

“我准备建造能够载人的升降机器。”他宣布，“我设计的升降机一定会很安全。”

“太棒了！”贝琪欢呼道。

已长成青少年的查尔斯和诺顿也一致赞同父亲的计划。

于是，伊莱沙建造了载人的升降机，并装上了他的安全制动器。但他的生意还是没有起色。

人们对于被运到空中根本不感兴趣，因为他们害怕自己会重重地摔落下来。谁又能责怪他们有这样的担忧呢？

“别想着用这些升降机把我们运到3楼。”他们说，“我们一层楼都不会上的！”

伊莱沙最终只卖出了一两部载人升降机，并且顾客也只是用它来升降货物，而不是人。因为没有人信任伊莱沙的发明。

一天，查尔斯和诺顿带回家一个振奋人心的消息：“博览会要在这儿举办了！”

想到纽约世界博览会，全家人顿时精神高涨。伊莱沙决定把他的载人升降机展示给全世界。

在纽约世界博览会由玻璃建成的水晶宫里，伊莱沙站上他的升降机平台。他不是独自一人。平台上还堆满了大木桶、螺栓螺母箱，以及铁制的机器配件。人群慢慢地聚拢在升降机的木质框架下，大家都伸长脖子抬头望着高高在上的伊莱沙。

人群渐渐安静下来。伊莱沙的助手举起亮闪闪的军刀，砍断了缆绳。升降机下坠了几厘米。人们倒吸一口气，他们想：伊莱沙一定是疯了。

但电梯突然停住，并且纹丝不动。伊莱沙也毫发无伤。

人们惊呆了，喝彩声响彻了水晶宫。

纽约世界博览会后，伊莱沙的电梯事业开始腾飞。人们开始喜欢被运到高处，而且越高越好！“电梯，等一下！”

升上高空

1857年，伊莱沙·格雷夫斯·奥的斯为E.V.霍沃特大楼成功地安装了他的第一台客运升降机。霍沃特大楼是一座拥有5层楼的百货商场，它位于纽约市布鲁姆大街和百老汇的拐角处。伊莱沙·奥的斯的第一台客运升降机目前仍在使用，载着人们上上下下。

伊莱沙·格雷夫斯·奥的斯1861年去世。他的长子查尔斯也是发明家，致力于升降机的改进工作。查尔斯和弟弟诺顿，在父亲去世后接管了升降机生意。他们俩将公司名称改成“奥的斯兄弟公司”。

在伊莱沙的安全制动器发明前，当时最高的建筑也就6层。因为得爬楼梯上上下下，所以没有人愿意在高楼层上工作和生活。伊莱沙的发明使修建摩天大楼成为可能。如今，楼层越高，视野越好，价格也越贵！